四川省农村居住建筑危险性识别及常用维修加固方法实用手册

四川省建筑标准设计办公室
Sichuan Design Office of Construction Standard Department

西南交通大学出版社
·成 都·

图书在版编目（ＣＩＰ）数据

四川省农村居住建筑危险性识别及常用维修加固方法实用手册／四川省建筑科学研究院主编. —成都：西南交通大学出版社，2018.11（2019.3 重印）
ISBN 978-7-5643-6447-2

Ⅰ. ①四… Ⅱ. ①四… Ⅲ. ①农村住宅 – 危险性 – 识别 – 手册②农村住宅 – 修缮加固 – 手册 Ⅳ. ①TU241.4-62

中国版本图书馆 CIP 数据核字（2018）第 218435 号

四川省农村居住建筑危险性识别及常用维修加固方法实用手册
四川省建筑科学研究院　主编

责任编辑	杨　勇
助理编辑	王同晓
封面设计	何东琳设计工作室
出版发行	西南交通大学出版社 （四川省成都市二环路北一段 111 号 西南交通大学创新大厦 21 楼）
发行部电话	028-87600564　028-87600533
邮政编码	610031
网址	http://www.xnjdcbs.com
印刷	四川煤田地质制图印刷厂
成品尺寸	148 mm × 210 mm
印张	2.5
字数	69 千
版次	2018 年 11 月第 1 版
印次	2019 年 3 月第 2 次
书号	ISBN 978-7-5643-6447-2
定价	19.80 元

四川省住房和城乡建设厅关于发布《四川省农村居住建筑危险性识别及常用维修加固方法实用手册》的通知

川建标发〔2018〕66号

各市（州）及扩权试点县（市）住房城乡建设行政主管部门：

由四川省建筑标准设计办公室组织、四川省建筑科学研究院主编的《四川省农村居住建筑危险性识别及常用维修加固方法实用手册》，经审查通过，现批准发布，自2018年3月1日起施行。

该手册由四川省住房和城乡建设厅负责管理，四川省建筑科学研究院负责具体解释工作，四川省建筑标准设计办公室负责出版、发行工作。

特此通知。

四川省住房和城乡建设厅

2018年1月23日

编审人员名单

组织单位：
四川省建筑标准设计办公室

主编单位：
四川省建筑科学研究院
肖承波　吴 体　陈雪莲　高永昭

参编单位：
西南交通大学校园规划与建设处
何 淼

审查组组长：
尤亚平

审查组组员：
王泽云　毕 琼　黄　良　王建平

前 言

亲爱的农民朋友：

我省地貌地形、地质构造、气候特征等自然环境复杂多样，民族风俗、生产生活、经济条件等差异较大，农村住房的场地、材料、结构体系和建造习惯各具特点。近年来，农房建设标准体系的不断完善和质量安全监管的持续跟进，很大程度地改进和提高了农房的安全性。但部分农户由于经济困难或质量安全意识不高，尚有部分自建农房仍存在结构体系混杂，构造措施不科学、不合理，建筑材料及制品质量较差的状况，加之既有农房安全隐患定期排查、维修加固不及时，排危改造措施不到位，技术不专业等因素，部分农房仍存安全隐患，经不起地震等自然灾害的袭击。

也许您居住的农房存在安全隐患，却并不知道，也许您已经发现了农房存在危险，却不知如何采取排危措施。我们编撰的这本手册是依据国家住房和城乡建设部《关于加强农村危房改造质量安全管理工作的通知》（建村〔2017〕47号）、《四川省农村住房建设管理办法》四川省人民政府令第319号、《农村住房危险性鉴定标准》JGJ/T 363-2014、《四川省农村居住建筑C级危房加固维修技术导则（试行）》（川建村镇发〔2013〕124号）、《四川省农村居住建筑维修加固图集》（川16G122-TY）等技术规定和政策要求，针对我省农村住房主要的结构形式，通过图文并茂的方式，并结合适当的专业技术要求，通俗易懂地介绍各类农房的主要安全隐患危险点位识别、常用加固维修方法的基本原理以及排危除险要点。另外，还对农房的危险性鉴定和农村危房改造加固维修监管政策要求进行了介绍。

本手册主要适用于农民自建两层（含两层）及以下，建筑面积300平方米以内或跨度6米以内的农村住房建设，也可作为农村建筑工匠培训辅导教材使用。

编 者
2017年12月

目 录

1 场地 ……………………………………………………1

2 地基基础 ………………………………………………6

3 砌体结构房屋 …………………………………………12

4 石结构房屋 ……………………………………………28

5 木结构房屋 ……………………………………………35

6 钢筋混凝土框架结构房屋 ……………………………55

7 农村危房排查及加固维修管理要求 …………………70

1 场地

场地选择应尽可能避让不利地段

警示 不利地段

软弱土 ✖

液化土 ✖

高耸孤立的山丘 ✖

条状突出的山嘴 ✖

不利地段：软弱土，液化土，条状突出的山嘴，高耸孤立的山丘。

警示 不利地段

陡坎

河岸陡坡

旧河道

疏松的断层破碎带

不利地段：陡坡，陡坎，河岸和边坡的边缘，平面分布上成因、岩性、状态明显不均匀的土层（含故河道、疏松的断层破碎带、暗埋的塘浜沟谷和半填半挖地基），高含水量的可塑黄土，地表存在结构性裂缝等。

不应在危险地段建房

警示 危险地段

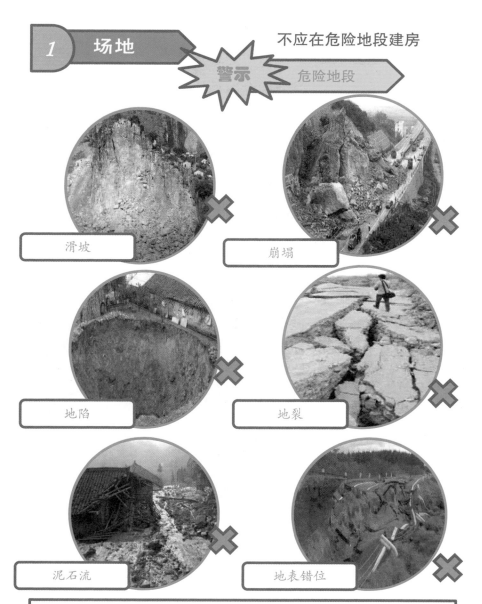

滑坡

崩塌

地陷

地裂

泥石流

地表错位

危险地段：地震时可能发生滑坡、崩塌、地陷、地裂、泥石流等及发震断裂带上可能发生地表错位的部位。

有利地段：稳定基岩，坚硬土，开阔、平坦、密实、均匀的中硬土等

地基沉降速度连续2个月大于4 mm/月，且短期内未趋于稳定。地基不稳定产生滑移，水平位移量大于10 mm，并对上部结构有显著影响

建房根本
下盘要稳
地基不牢
地动山摇

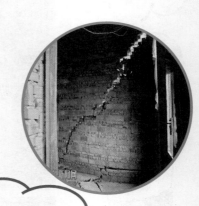

地基产生过大不均匀沉降，使上部墙体产生裂缝宽度大于10 mm，且房屋倾斜率大于1%

➤ 因地基变形引起框架梁、柱出现裂缝，且房屋整体倾斜率大于1%。

6

上部生土承重墙出现多条沉降裂缝，最大裂缝宽度超过30 mm

多处楼屋盖的预制混凝土、木或石构件连接部位滑移超过10 mm，或发生明显挤压、裂缝、变形等损坏迹象

拔榫

两层及两层以下房屋整体倾斜率超过3%，三层及三层以上房屋整体倾斜率超过2%

> 本方法可用于基础出现宽度大于0.5 mm且深度较深的裂缝的修复处理。
> 采用压力注浆机将水泥浆注射入基础的裂缝内，对基础裂缝进行修复，增强基础整体性。
> 注浆前，先在原基础裂缝处钻孔。
> 注浆材料可采用水泥浆；注浆管直径可为25 mm，钻孔孔径应比注浆管直径大2～3 mm。
> 注浆口角度≥30°。

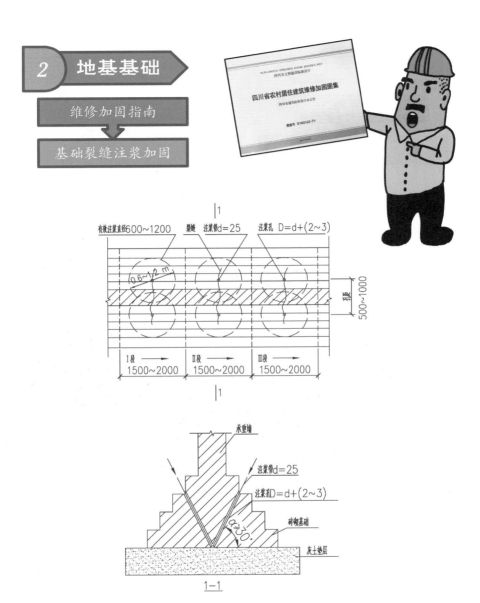

2 地基基础

维修加固指南

基础裂缝注浆加固

注：
1. 图中未注明的单位为mm。
2. 本加固方法的加固要求详《四川省农村居住建筑维修加固图集》
   （图集号 川16G122-TY）第8页。

> 当原房屋基础为无筋扩展基础，房屋出现因地基基础不均匀沉降引起的墙体裂缝或轻微变形，或原地基基础承载力不满足要求，可采用本方法加固基础。
> 如地基无异常，基础加大部分的底标高可与原基础底标高相同。
> 钢筋在原砌体灰缝处钻孔植筋锚固，锚固材料可采用1（水泥）：2（砂）干硬性水泥砂浆，锚固深度不小于180 mm。
> 新增混凝土的强度等级不应低于C15。
> 当地基有异常时，应先消除地基隐患。

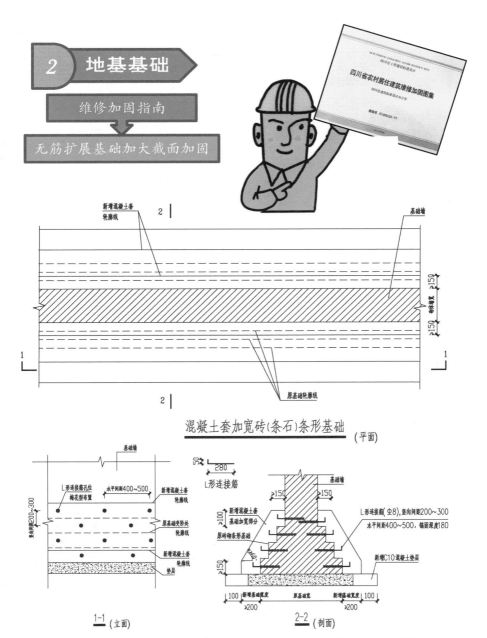

2 地基基础

维修加固指南

无筋扩展基础加大截面加固

混凝土套加宽砖(条石)条形基础 (平面)

1-1 (立面)

2-2 (剖面)

本加固方法的加固要求详《四川省农村居住建筑维修加固图集》（图集号 川16G122-TY）第10页。

受压墙竖向裂缝宽度大于2 mm、缝长超过层高1/2的裂缝，或产生超过层高1/3的多条竖向裂缝，受压扶壁柱产生宽度大于2 mm的竖向裂缝

承重墙、扶壁柱表面风化、剥落，砂浆粉化，有效截面削弱达1/4以上

支承梁或屋架端部的墙体或柱截面因局部受压产生多条竖向裂缝或斜向裂缝，或最大裂缝宽度已超过1 mm

墙、扶壁柱因偏心受压产生水平裂缝，最大裂缝宽度大于0.5 mm

墙、扶壁柱产生倾斜，其倾斜率大于0.7%，或相邻承重墙连接处断裂成通缝，且裂缝宽度达2 mm以上时

墙、扶壁柱出现挠曲鼓闪，且在挠曲部位出现水平或交叉裂缝；纵横墙连接处通缝砌筑

独立砖柱出现明显的裂缝

砖过梁中部产生的竖向裂缝宽度达 2 mm 以上，或端部产生斜向裂缝，最大裂缝宽度达 1 mm 以上且缝长裂到窗间墙的 2/3 部位，或支承过梁的墙体产生水平裂缝，或产生明显的弯曲、下沉变形

扶壁柱与墙体交接处出现竖向通缝

14

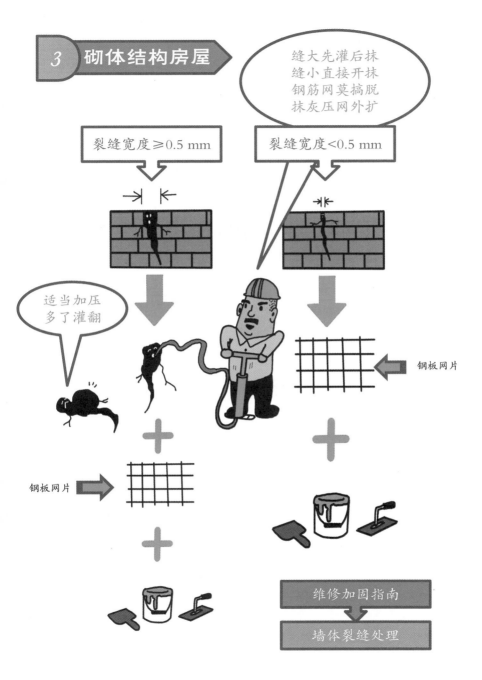

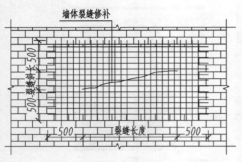

墙体裂缝修补方案

(用于非门窗洞口角部墙体裂缝修补)

墙体裂缝修补方案

(用于门窗洞口上角部墙体裂缝修补)

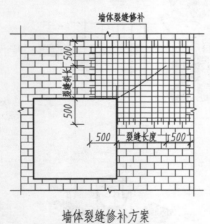

墙体裂缝修补方案

(用于窗洞口上角部墙体裂缝修补)

墙体裂缝修补方案

(用于窗洞口下角部墙体裂缝修补)

图中GW0.8×15×40钢板网，采用水泥钉固定，水泥钉直径不小于2 mm，长度不小于40 mm，间距不大于200 mm，呈梅花形布置。

本加固方法的加固要求详《四川省农村居住建筑维修加固图集》（图集号 川16G122-TY）第19页。

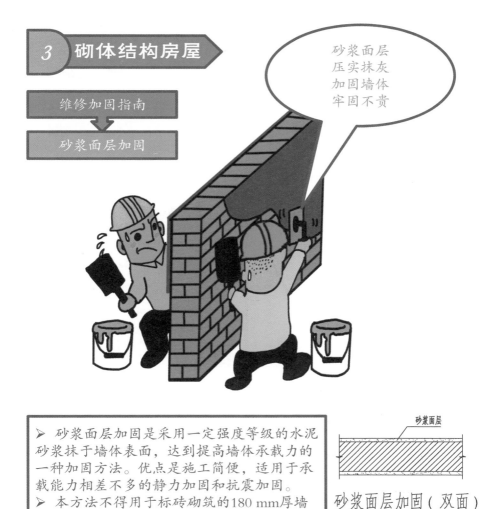

3 砌体结构房屋

维修加固指南

↓

砂浆面层加固

砂浆面层
压实抹灰
加固墙体
牢固不贵

➢ 砂浆面层加固是采用一定强度等级的水泥砂浆抹于墙体表面，达到提高墙体承载力的一种加固方法。优点是施工简便，适用于承载能力相差不多的静力加固和抗震加固。

➢ 本方法不得用于标砖砌筑的180 mm厚墙体和空斗墙加固。

➢ 施工顺序：铲除原墙面抹灰层，将灰缝剔凿至深5～10 mm，用钢丝刷刷净残渣，吹净表面灰粉。浇水湿润墙面，刷水泥净浆一道，抹水泥砂浆并养护。

砂浆面层

砂浆面层加固（双面）

砂浆面层

砂浆面层加固（单面）

本加固方法的加固要求详《四川省农村居住建筑维修加固图集》（图集号 川16G122-TY）第18页。

3 砌体结构房屋

铲除原抹灰
剔缝后要吹
铺设钢网时
拉筋要合规
穿板孔洞位
要设加强筋
底层墙脚处
挖槽筋入地
抹前要浇水
最后新抹灰

➤ 钢筋网水泥砂浆面层加固法属于复合截面加固法的一种，是在墙体表面增设一定厚度的有钢筋网的水泥砂浆，形成组合墙体的加固方法。

➤ 施工顺序为：铲除原墙面抹灰层，将灰缝剔凿至深5~10 mm，用钢丝刷刷净残渣，吹净表面灰粉。钻孔并用水冲刷，铺设钢筋网并安设拉结筋，浇水湿润墙面，刷水泥净浆一道，抹水泥砂浆并养护。

室外地坪　　室内地坪

本加固方法的加固要求详《四川省农村居住建筑维修加固图集》（图集号川16G122-TY）第20页~第27页。

维修加固指南

钢筋网砂浆面层加固

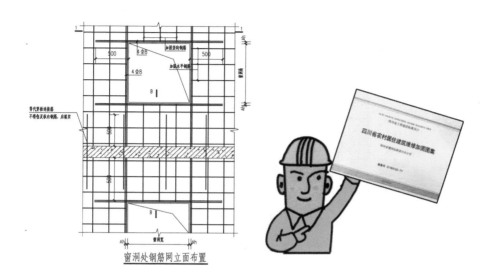

窗洞处钢筋网立面布置

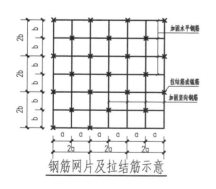

钢筋网片及拉结筋示意

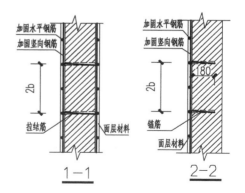

1—1   2—2

注:
1. a为加固竖向钢筋间距;
2. b为加固水平钢筋间距。

维修加固指南

钢筋网砂浆面层加固

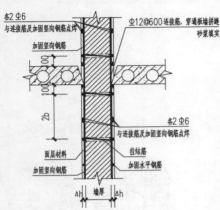

各2Φ6
与连接筋及加固竖向钢筋点焊
加固竖向钢筋
Φ12@600连接筋，穿通板墙拼缝
砂浆填实

2b

各2Φ6
与连接筋及加固竖向钢筋点焊

面层材料
加固竖向钢筋
拉结筋
加固水平钢筋

Δh 墙厚 Δh

双面钢筋网楼面处做法
（上部墙体要加固）

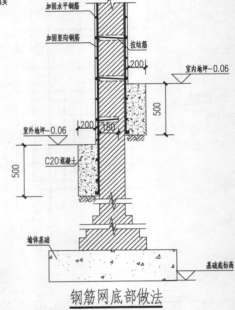

Δh 墙厚 Δh
加固水平钢筋
加固竖向钢筋
拉结筋
室内地坪−0.06

室外地坪−0.06

C20混凝土

墙体基础

基础底标高

钢筋网底部做法
（用于双面钢筋网加固外墙底部做法）

3 砌体结构房屋

维修加固指南

↓

外加构造柱和圈梁

木桶无箍不成器
房无圈构少抗力

外加构
造柱

外加圈梁

外加圈梁

维修加固指南

外加构造柱

外加构造柱位置

纵横墙交接处　阳角

外加构造柱要点

生根　连接　咬合

室外地坪

> 外加构造柱宜在平面内对称布置，应由底层设起，并应沿房屋全高贯通，不得错位；外加构造柱应与圈梁或钢拉杆连成闭合系统。
> 外加构造柱应设置基础，并应设置拉结筋或锚筋等与原墙体、原基础可靠连接；基础埋深应与原墙体基础相同。外加构造柱应与墙体可靠连接，宜沿层高方向间距1 m同时设置拉结钢筋和销键与墙体连接；在室外地坪标高处和墙基础大放脚处应设置销键或锚筋与墙体基础连接。

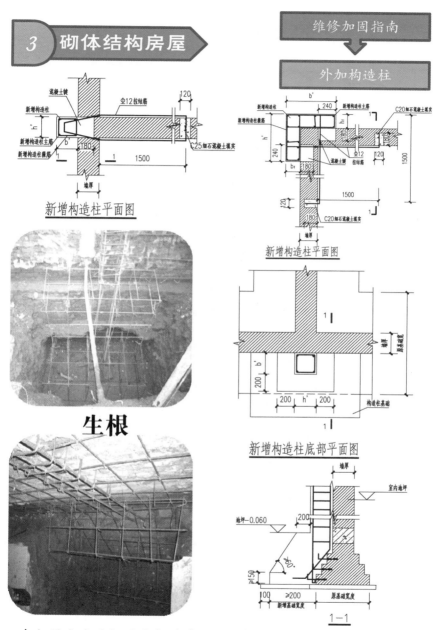

新增构造柱平面图

生根

新增构造柱平面图

新增构造柱底部平面图

1—1

本加固方法的加固要求详《四川省农村居住建筑维修加固图集》（图集号 川16G122-TY）第36页~第41页。

3 砌体结构房屋

> 闭合才能叫圈梁
> 标高变化要搭接
> 烈度增高要加强
> 销键可靠连原墙
> 遇洞宜在洞两旁

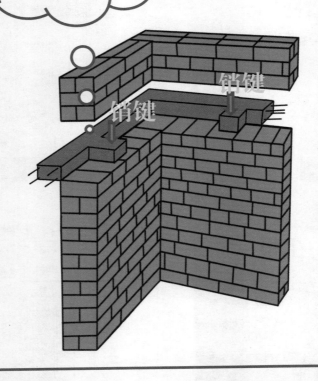

销键

销键

➤ 外墙圈梁宜采用现浇钢筋混凝土，内墙圈梁可用钢拉杆或在进深梁端加锚杆代替。

➤ 增设的圈梁应与墙体可靠连接；圈梁在楼（屋）盖平面内应闭合，在阳台、楼梯间等圈梁标高变换处，应有局部加强措施；变形缝两侧的圈梁应分别闭合。

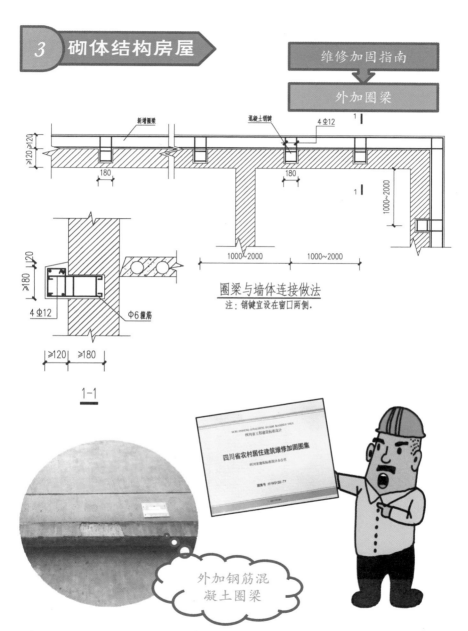

3 砌体结构房屋

维修加固指南

外加圈梁

圈梁与墙体连接做法

注: 销键宜设在窗口两侧.

1-1

外加钢筋混凝土圈梁

本加固方法的加固要求详《四川省农村居住建筑维修加固图集》（图集号 川16G122-TY）第42页~第44页。

维修加固指南

洞口过梁加固

用角钢帮忙抬上部重量

> 当墙体门窗洞口上方无过梁，或过梁出现不适于继续承载的裂缝、过梁承载能力不满足要求时，可采用下加角钢进行加固。

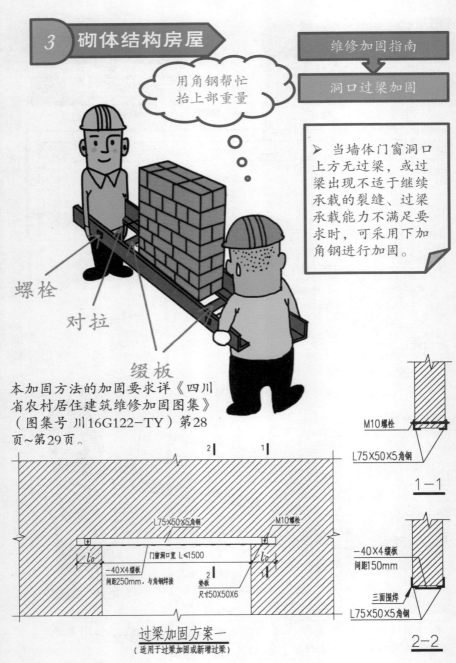

螺栓

对拉

缀板

本加固方法的加固要求详《四川省农村居住建筑维修加固图集》（图集号 川16G122-TY）第28页~第29页。

L75×50×5角钢

M10螺栓

门窗洞口宽 L≤1500

l_o

l_o

−40×4缀板
间距250mm，与角钢焊接

垫板
R寸50×50×6

过梁加固方案一
(适用于过梁加固或新增过梁)

M10螺栓

L75×50×5角钢

1—1

−40×4缀板
间距150mm

三面围焊

L75×50×5角钢

2—2

维修加固指南

过梁加固

> 当钢筋混凝土过梁支承长度不足时，可在过梁端部、墙体两侧采用连接钢板和对拉螺栓进行加固。

原过梁搭接长度不足

钢板+螺栓

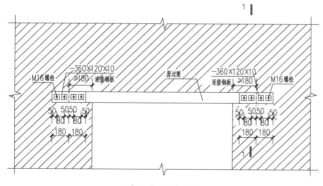

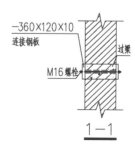

过梁加固方案

（适用于钢筋混凝土过梁支承长度不足时的加固）

4 石结构房屋 危险点识别 警示

墙体出现明显歪闪、错位变形

毛石墙体出现多条长度大于400 mm的裂缝或出现局部垮塌

➤ 其他危险点：

1. 石柱出现断裂。

2. 梁端在柱顶搭接处出现错位，错位长度大于柱沿梁支撑方向上的截面高度的1/25。

3. 承重墙体沿水平灰缝整体滑移大于10 mm。

4. 承重墙体或门（窗）间墙出现沿阶梯形斜向裂缝，且裂缝宽度大于10 mm。

5. 支撑梁或屋架端部的承重墙体或柱个别石块断裂、压碎或垫块压碎。

(后续)

4 石结构房屋

危险点识别

承重墙、柱产生倾斜，其倾斜率大于0.5%

墙体纵横墙交接处竖向裂缝的最大宽度大于10 mm

> 其他危险点：
  6. 墙柱因偏心受压产生水平裂缝，裂缝宽度大于0.5 mm。
  7. 受压墙体、柱表面风化、剥落，砂浆粉化，有效截面削弱达1/5以上。
  8. 严重酥碱、空鼓、歪闪的墙体。
  9. 因缺少拉结石而出现局部坍塌的墙体。

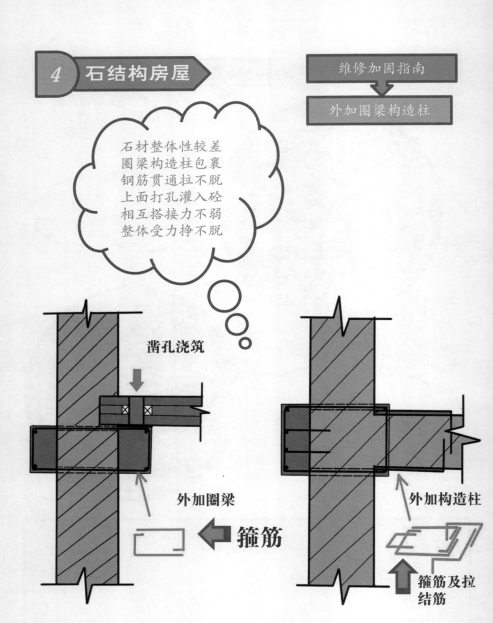

石材整体性较差
圈梁构造柱包裹
钢筋贯通拉不脱
上面打孔灌入砼
相互搭接力不弱
整体受力挣不脱

凿孔浇筑

外加圈梁

箍筋

外加构造柱

箍筋及拉结筋

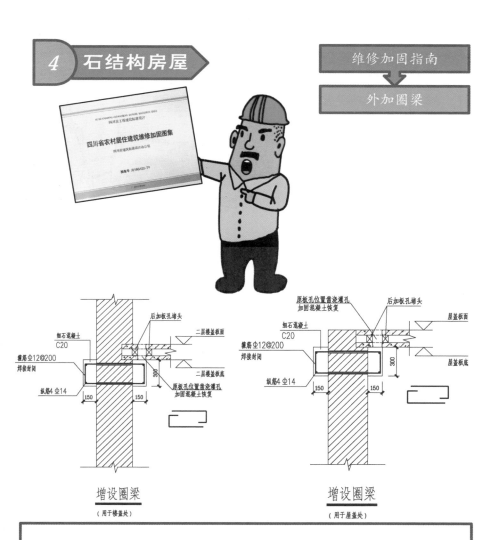

增设圈梁

（用于楼盖处）

增设圈梁

（用于屋盖处）

➤ 对整体性差的房屋，可采用加圈梁方法进行加固；石砌体增设水平圈梁时，应增设钢筋混凝土圈梁，且应设在楼（屋）面标高之下，且应每层增设。圈梁加固法可参照砌体结构外加圈梁进行加固。

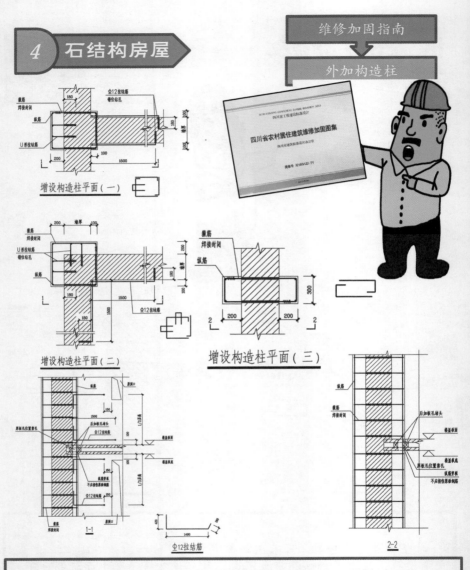

增设构造柱平面（一）

增设构造柱平面（二）

增设构造柱平面（三）

1-1

2-2

Φ12拉结筋

> 石砌体增设构造柱时，可按要求确定增设构造柱的部位和数量。构造柱的截面形式，可按原有结构的墙体形状和部位，分别选用"单边形"、"邻边形"或"对边形"。

本加固方法的加固要求详《四川省农村居住建筑维修加固图集》（图集号 川16G122-TY）第51页～第56页。

维修加固指南

局部置换加固

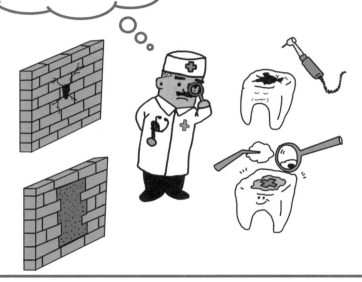

就和补牙一样，关键就是"查漏补缺"

> 当梁或屋架支座处的墙体个别石块断裂或垫块压碎时，应先在梁或屋架可靠支顶，采用与原墙体相同的垫块、石材进行置换，置换中采用的砂浆抗压强度等级不应低于M10，或采用强度等级不低于C20的混凝土置换。

> 对石砌体房屋裂缝宽度不大于5 mm的墙体，先对裂缝进行修复处理，然后可参照砌体墙体钢筋网片水泥砂浆面层进行加固处理。

> 墙体裂缝宽度较大（缝宽多数在5 mm以上）并有错动或外闪时可采用局部置换加固法进行加固处理。

> 局部置换应先对墙体置换范围内的上部荷重进行可靠支撑；原墙体拆除时应留出齿形结合面。

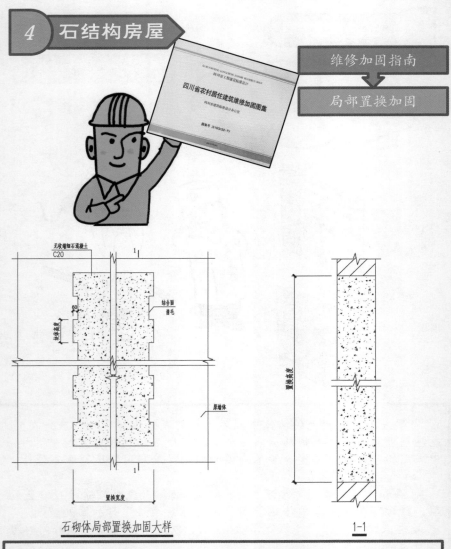

4 石结构房屋

维修加固指南

局部置换加固

石砌体局部置换加固大样

1-1

➤ 局部置换应先对墙体置换范围内的上部荷重进行可靠支撑。

➤ 原墙体拆除时应留出齿形结合面。

➤ 置换材料：可采用与原墙体相同的垫块、石材进行置换，置换中采用的砂浆抗压强度等级不应低于M10；也可采用强度等级不低于C20的混凝土置换。

> 支撑大梁或屋架端部的墙体局部受压区出现穿透性裂缝

> 木屋架支座处瓜柱移位、严重开裂

> 其他危险点：

　　1. 木屋架产生大于 $l_0/120$ 挠度，且顶部或端部节点产生腐朽或劈裂，或出平面倾斜量超过屋架高度的 $h/120$。

　　2. 主梁产生大于 $l_0/120$ 挠度，或受拉区伴有较严重的材质缺陷。

　　3. 梁端在柱顶搭接处出现松动或位移，位移长度大于柱沿梁支撑方向上的截面高度 h（当柱为圆柱时，h 为柱截面的直径）的1/25。

木构件的杆件及节点明显腐朽、开裂破损或脱落

木屋架或木檩条出现明显的挠曲和节点松动且搁置长度不能保证或连接措施已损坏时，或杆件出现断裂

木柱的柱脚在高出地坪的柱脚石出现位移，位移值超过1/3的截面尺寸

柱础出现明显破损

木柱侧弯变形，其矢高大于$h/150$，或柱顶劈裂，或柱身断裂

木柱、木梁、木屋架及木构架的任何杆件出现严重虫蛀，或存在严重糟朽

椽条出现腐朽、变形或断裂，以及部分屋面瓦出现滑瓦

连接构造有严重缺陷，已导致节点松动、变形、滑移、沿剪切面开裂、剪坏和铁件严重锈蚀、松动致使连接失效等损坏

> 柱脚腐朽，其腐朽面积大于原截面1/5以上。
> 受拉、受弯、偏心受压和轴心受压构件，其斜纹理或斜裂缝分别大于7%、10%、15%和20%。
> 存在任何心腐缺陷的木质构件。
> 在柱的同一高度处纵横向同时开槽，且在柱的同一截面面积超过总截面面积的1/2。

弯得轻
螺栓紧
弯得凶
千斤顶

➤ 对侧向弯曲的木柱必须先对弯曲部分进行矫正，使柱子恢复到直线形状；再增设枋木增大侧向刚度（减少长细比）。

➤ 当木柱侧向弯曲不严重时，可采用附加枋木和螺栓进行矫正加固。在柱的一侧增设刚度较大的枋木，并采用螺栓与原柱固牢。通过拧紧螺栓时产生的侧向力，以矫正原柱的弯曲，使加固后的柱子恢复平直并具有较大的刚度。

➤ 当木柱侧向弯曲严重时，可采用附加枋木、千斤顶和螺栓进行矫正加固。在部分卸荷情况下，先用千斤顶及刚度较大的短枋木，对弯曲部分进行矫正，然后再安设用以增强刚度和整体性的枋木和螺栓进行加固。

5　木结构房屋

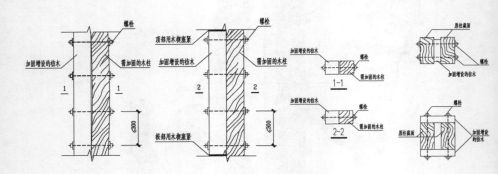

侧向弯曲不严重的木柱矫正加固

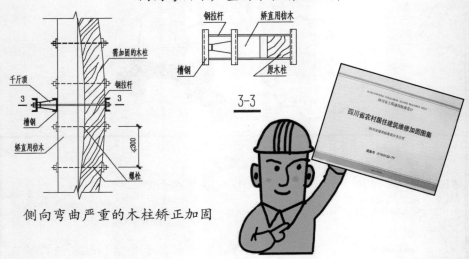

侧向弯曲严重的木柱矫正加固

本加固方法的加固要求详《四川省农村居住建筑维修加固图集》（图集号 川16G122-TY）第65页。

40

维修加固指南

柱脚损坏或腐朽加固

就像人医脚一样：
轻伤包药
重伤换脚

➤ 柱底轻度腐朽时，把腐朽的外表部分除去后，对柱底的完好部分涂刷防腐油膏，然后安装经防腐处理的加固用夹木及螺栓。

➤ 柱底腐朽较重时，可将腐朽部分整段锯除后，再用相同截面的新材接补，新材的强度等级不能低于木柱的旧材，连接部分应加设钢夹板或木夹板及螺栓。

➤ 对防潮及通风条件较差，或在易受撞击场所的木柱，可整段锯去底部腐朽部分，换以钢筋混凝土短柱，原有固定柱脚的钢夹板可用作钢筋混凝土短柱与老基座间的锚固连接件。

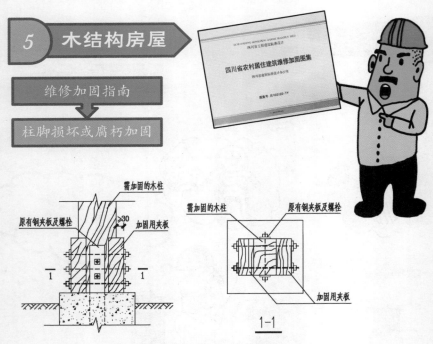

5 木结构房屋

维修加固指南

柱脚损坏或腐朽加固

柱底轻度腐朽的加固维修

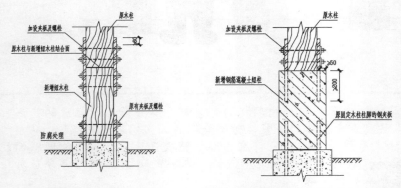

严重腐朽置换木短柱处理　　严重腐朽置换钢筋混凝土短柱处理

本加固方法的加固要求详《四川省农村居住建筑维修加固图集》
（图集号 川16G122-TY）第66页。

42

维修加固指南

木梁、木檩条端部腐朽加固

梁端部烂根

梁端部烂根

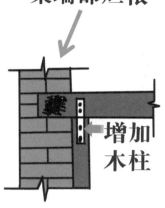

增加木柱

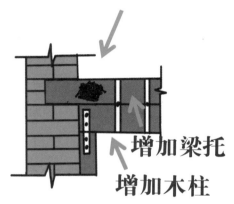

增加梁托

增加木柱

里面烂根
只用柱撑

外面烂根
梁托柱撑

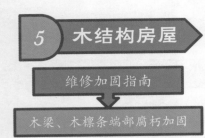

5 木结构房屋

维修加固指南

木梁、木檩条端部腐朽加固

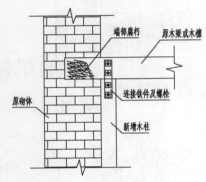

端部（支座内）腐朽加固　　　　　端部（支座外）腐朽加固

> ➤ 当腐朽的位置位于支座内时，可在原支座边附加木柱，木柱与原木梁（或檩条）间增加铁件连接。
> ➤ 当腐朽的位置位于支座外时，可增加木托梁和木柱进行加固。

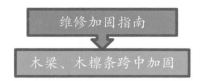

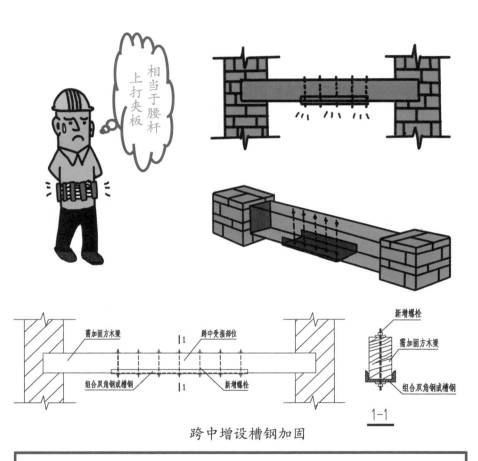

跨中增设槽钢加固

> ➤ 跨中严重损坏或明显下挠或承载能力不足时，可在跨中弯矩较大的区段内，在木构件底面加设槽钢通过螺栓连接进行加固。

本加固方法的加固要求详《四川省农村居住建筑维修加固图集》（图集号 川16G122-TY）第68页。

维修加固指南

木梁、木檩条跨中加固

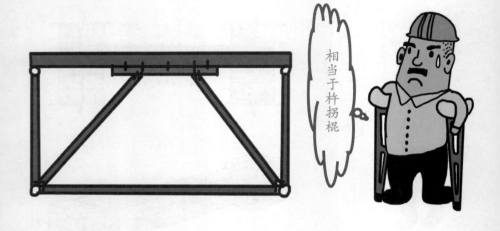

相当于拄拐棍

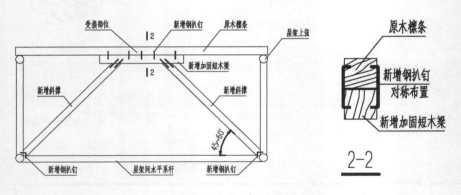

增设"八"字斜撑加固

> 对木檩条，加设"八"字形斜撑，减小木檩条跨度进行加固。

本加固方法的加固要求详《四川省农村居住建筑维修加固图集》（图集号 川16G122-TY）第68页。

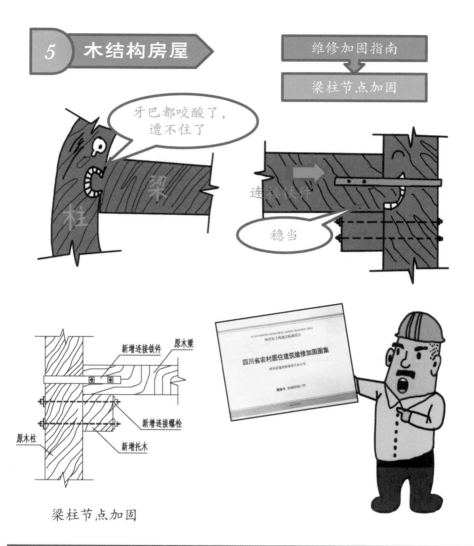

梁柱节点加固

> 当木柱与木梁榫头出现轻微拔出，或仅用榫头连接时，可在梁柱接头增设托木，托木与木柱间可用螺栓连接，梁柱间增设连接铁件和螺栓加固。

本加固方法的加固要求详《四川省农村居住建筑维修加固图集》（图集号 川16G122-TY）第69页。

维修加固指南

梁柱节点加固

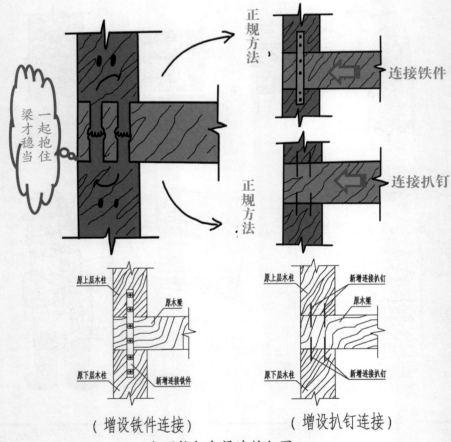

正规方法

连接铁件

正规方法

连接扒钉

原上层木柱

原木梁

原下层木柱

新增连接铁件

（增设铁件连接）

原上层木柱

新增连接扒钉

原木梁

原下层木柱

新增连接扒钉

（增设扒钉连接）

上下柱与木梁连接加固

一起抱住梁才稳当

➤ 当木梁放于木柱顶部，木柱与木梁间无连接时，可在木柱与木梁间设扒钉连接或螺栓及铁件连接。

本加固方法的加固要求详《四川省农村居住建筑维修加固图集》（图集号 川16G122-TY）第69页。

用斜撑把屋架与柱连接起来增加整体性

钢撑可以

≤60°

木撑也可以

无斜撑易变形

有斜撑不易变形

斜撑

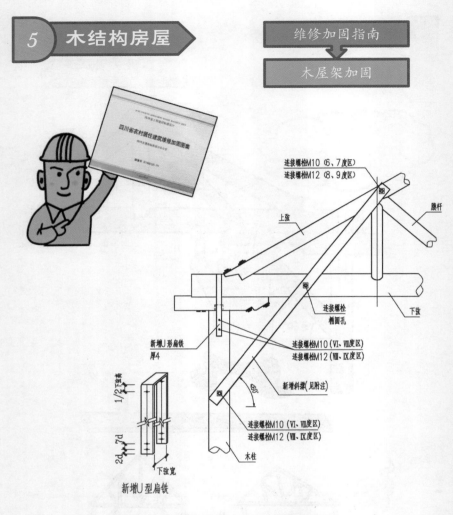

木柱与木屋架间增设斜撑加固

➤ 当木柱与木屋架间无斜撑时，应增设斜撑以增强木构架平面内的刚度及整体性。

➤ 斜撑可采用木斜撑或钢斜撑，斜撑与木柱及木屋建杆件间采用螺栓连接。

本加固方法的加固要求详《四川省农村居住建筑维修加固图集》（图集号 川16G122-TY）第111页。

维修加固指南

木屋架加固

垂直支撑

撑住增加整体性

无支撑易变形

垂直支撑
有支撑不易变形

本加固方法的加固要求详《四川省农村居住建筑维修加固图集》（图集号 川16G122-TY）第116页。

51

维修加固指南

木屋架加固

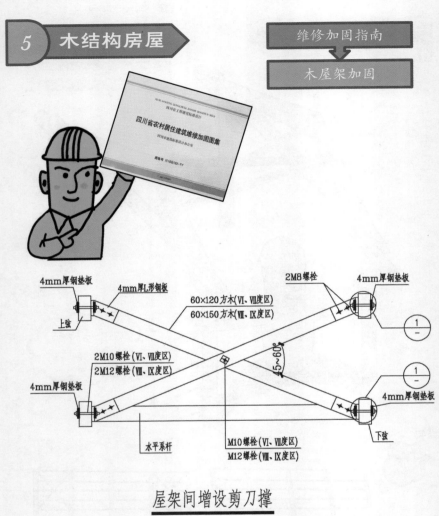

四川省农村居住建筑维修加固图集

4mm厚钢垫板
4mm厚L形钢板
60×120方木(Ⅵ、Ⅶ度区)
60×150方木(Ⅷ、Ⅸ度区)
2M8螺栓
4mm厚钢垫板
上弦
2M10螺栓(Ⅵ、Ⅶ度区)
2M12螺栓(Ⅷ、Ⅸ度区)
45~60°
4mm厚钢垫板
4mm厚钢垫板
水平系杆
M10螺栓(Ⅵ、Ⅶ度区)
M12螺栓(Ⅷ、Ⅸ度区)
下弦

屋架间增设剪刀撑

木屋架间增设垂直支撑

> 当木屋架间无垂直支撑时，可增设垂直支撑，以增强屋盖的纵向刚度及整体性。

维修加固指南

木屋架加固

扫钉   扫钉

卤水点豆腐
一物降一物
扫钉是增强木屋架
整体性的有效措施

➤ 木屋架的各杆件除用暗榫连接外，宜用双面扫钉加强连接。

5 木结构房屋

维修加固指南

柱间支挡

连接铁件+螺栓

螺栓+垫板

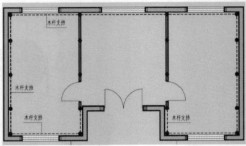

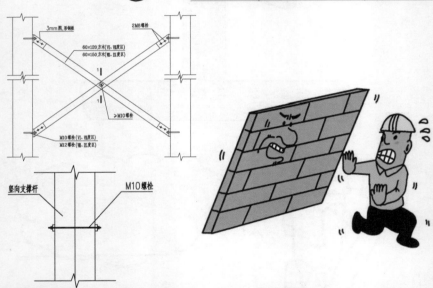

> 当房屋底层围护墙为生土或毛石墙时，应在围护墙内侧的木柱间设置交叉木杆或水平木杆支挡，避免墙体震坏向室内倒塌伤人。
> 水平木杆支挡每层设置两道，当围护墙上有窗洞时，可在窗洞口上下处设置水平木杆支挡。
> 木杆支挡截面尺寸不宜小于50 mm。

54

危险点识别

梁端出现斜向裂缝，缝宽大于0.4 mm

梁端底部混凝土酥碎

梁底部混凝土缺失，钢筋外露、严重锈蚀

梁、板因主筋锈蚀，纵向锈胀裂缝宽度大于1 mm，或构件混凝土严重缺损，或混凝土保护层严重脱落、露筋，钢筋锈蚀后有效截面小于4/5

警示

危险点识别

柱产生竖向裂缝，保护层剥落，主筋外露锈蚀

柱一侧产生水平裂缝，缝宽大于1 mm，另一侧混凝土被压碎，主筋外露锈蚀

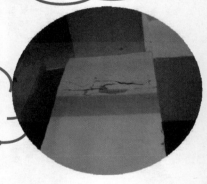

柱端混凝土压裂、压碎，主筋外露、变形

柱端、柱身出现较宽的斜向裂缝，或出现交叉裂缝

危险点识别

> 梁柱节点核心区混凝土出现斜向裂缝或竖向裂缝或混凝土剥落纵筋弯曲

> 柱身出现的裂缝较多且较长，裂缝宽度不小于0.5 mm

> 柱产生倾斜、位移，其倾斜率超过1%，或侧向位移量大于$h/500$

➤ 梁、板产生超过$l_0/150$的挠度，且受拉区最大裂缝宽度大于1 mm。
➤ 梁跨中部位受拉区产生竖向裂缝，其一侧向上延伸达梁高的2/3以上，且裂缝宽度大于0.5 mm。
➤ 柱、墙产生倾斜、位移，其倾斜率超过1%，或侧向位移量大于$h/500$。

维修加固指南

裂缝修补法

创可贴

碳纤维

一样一样的

钢筋混凝土板、墙体缝处理方案

➤ 先对裂缝进行修复处理，再采用局部粘贴碳纤维布进行表面封闭处理；粘贴碳纤维布的混凝土面应打磨或修复平整。

➤ 当裂缝宽度小于等于0.2 mm时，采用低稠度且具有良好渗透性的裂缝修复胶液，修复裂缝通道。

➤ 当裂缝宽度大于0.2 mm时，采用注射法对裂缝进行修复处理：以一定低黏度、高强度的裂缝修复胶液注入裂缝腔内。注射前，应按产品说明书的规定，对裂缝周边进行密封。

6 钢筋混凝土框架结构房屋

维修加固指南

加大截面法

> 适用范围：钢筋混凝土梁、板和柱的加固。
> 适用条件：采用本方法时，按现场检测结果确定的原构件混凝土强度等级应不低于C13。

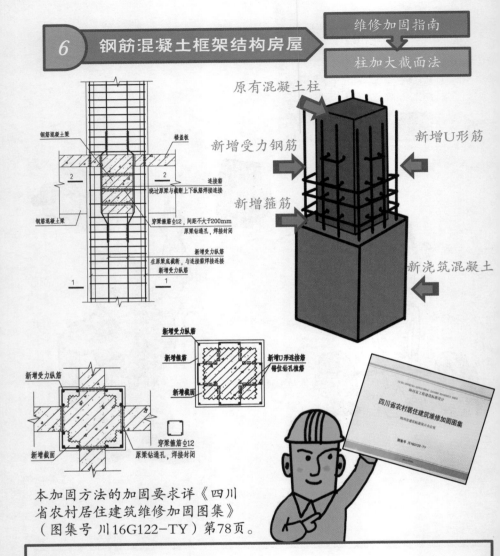

维修加固指南

柱加大截面法

原有混凝土柱

新增受力钢筋

新增箍筋

新增U形筋

新浇筑混凝土

钢筋混凝土梁

楼盖板

连接筋
绕过原梁与截新上下纵筋焊接连接

穿梁箍筋Φ12，间距不大于200mm
原梁钻通孔，焊接封闭

钢筋混凝土梁

新增受力纵筋
在原梁底截断，与连接筋焊接连接
新增受力纵筋

新增受力纵筋

新增箍筋

新增受力纵筋

新增U形连接筋
锚位钻孔植筋

新增截面

新增截面

穿梁箍筋Φ12
原梁钻通孔，焊接封闭

新增箍筋

新增截面

四川省农村居住建筑维修加固图集

本加固方法的加固要求详《四川省农村居住建筑维修加固图集》（图集号 川16G122-TY）第78页。

> 基本要求：
　1. 柱加大截面新增混凝土层的最小厚度不应小于60 mm，便于施工，采用普通混凝土时，最小厚度宜为80～100 mm。
　2. 新增纵向受力钢筋应由计算确定，但直径不宜小于16 mm。
　3. 新增箍筋直径不宜小于8 mm，柱端应加密，间距不应大于100 mm。
　4. 新增箍筋应焊接封闭。

梁加大截面法

原受力钢筋

被加固梁

墙或柱

Z形连接筋
与原纵筋与新增纵筋互焊

新增混凝土

新增箍筋
与原箍筋焊接

新增受力钢筋

简支梁受弯承载力加固

10d

10d

Z形连接筋

新增箍筋与原箍筋焊接

原箍筋

新增箍筋

原受力钢筋

新增混凝土

结合面凿毛处理

新增受力钢筋

1-1

新增混凝土

结合面凿毛处理

原受力钢筋

新增受力钢筋

Z形连接筋
与原纵筋与新增纵筋互焊

2-2

本加固方法的加固要求详《四川省农村居住建筑维修加
固图集》（图集号 川16G122-TY）第84页。

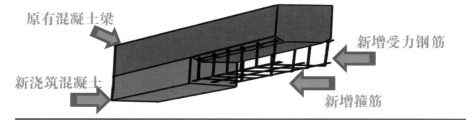

原有混凝土梁

新增受力钢筋

新浇筑混凝土

新增箍筋

> 基本要求：
1. 本图用于简支梁的加固。梁加大截面的新增混凝土层的最小厚度不应小于60 mm，便于施工，采用普通混凝土时，最小厚度宜为80～100 mm。
2. 新增纵向受力钢筋应由计算确定，但直径不宜小于16mm。
3. 新增箍筋与原梁箍筋单面焊接，直径及间距与原梁箍筋相同，直径不宜小于8mm。
4. 端部设置Z形连接筋，分别与原梁底排纵筋和新增纵筋焊接连接。

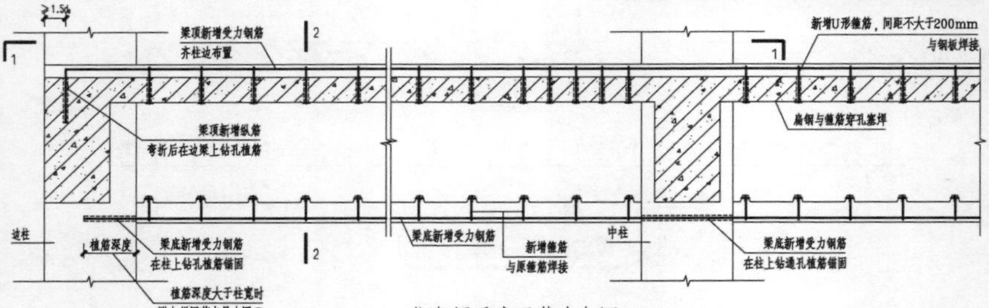

框架梁受弯承载力加固

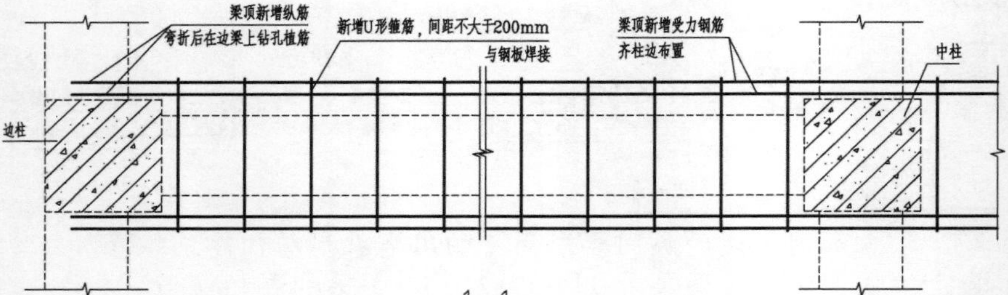

1—1

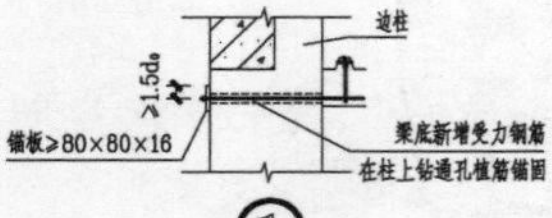

①

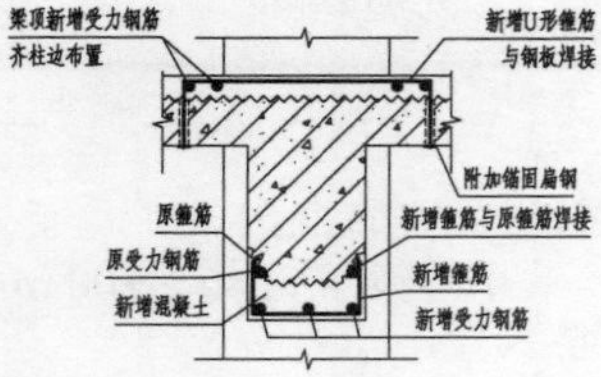

2—2

框架梁梁底、梁顶加大截面

本加固方法的加固要求详《四川省农村居住建筑维修加固图集》
（图集号 川16G122-TY）第85页。

本加固方法的加固要求详《四川省农村居住建筑维修加固图集》（图集号 川16G122-TY）第86页。

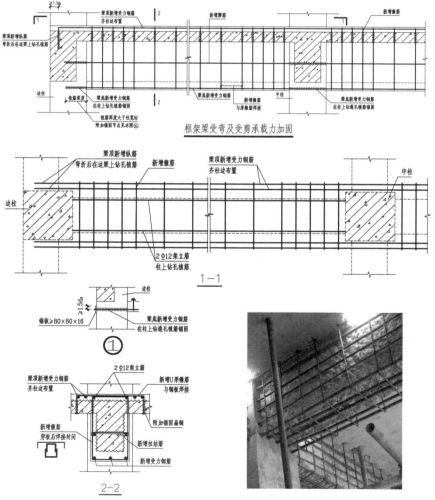

框架梁受弯及受剪承载力加固

1—1

框架梁四面围套加大截面加固

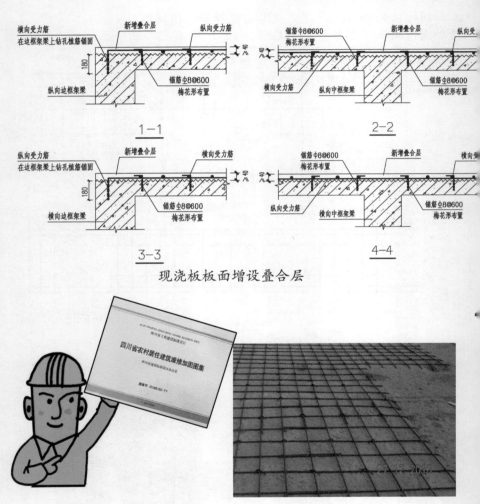

现浇板板面增设叠合层

本加固方法的加固要求详《四川省农村居住建筑维修加固图集》（图集号 川16G122-TY）第96页、第97页。

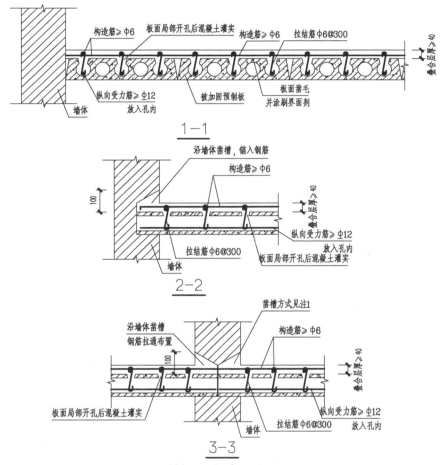

1—1

2—2

3—3

预制板加大截面法加固

本加固方法的加固要求详《四川省农村居住建筑维修加固图集》
（图集号 川16G122-TY）第95页。

维修加固指南

柱粘贴纤维布加固法

包裹起来
受力更好

举重
腰带

碳纤布

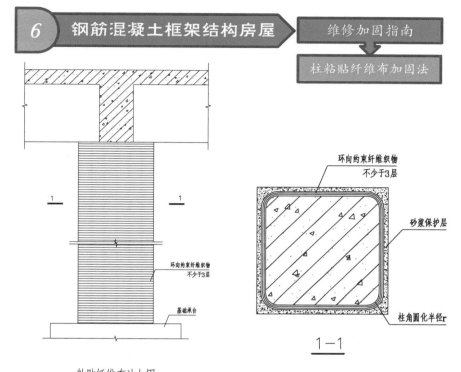

环向约束纤维织物
不少于3层

环向约束纤维织物
不少于3层

砂浆保护层

基础承台

柱角圆化半径r

1—1

粘贴纤维布法加固

> 构造要求:

1. 当柱的轴心受压承载力不足时,可采用沿其全长无间隔的环向连续粘贴纤维布的方法进行加固。

2. 当柱受剪承载力不足时,可将纤维布的条带粘贴成环形箍,且纤维方向与柱的轴线垂直。

3. 当柱因延性不足而进行抗震加固时,可采用环向粘贴纤维布构成的环向围束作为附加箍筋。

4. 当采用纤维布环向围束对钢筋混凝土柱进行正截面加固时,环向围束的层数,对圆形截面不应少于2层,对矩形截面不应少于3层。环向围束上下层之间的搭接宽度不应小于50 mm,纤维布环向截断点的延伸长度不应小于200 mm,各条带搭接位置应相互错开。

本加固方法的加固要求详《四川省农村居住建筑维修加固图集》
(图集号 川16G122-TY)第82页。

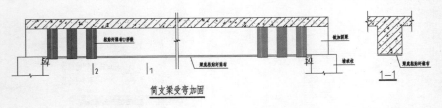

简支梁受弯加固

1-1

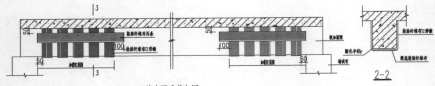

简支梁受剪加固

2-2

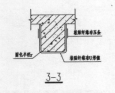

3-3

➤ 基本要求：

1. 受弯加固时，纤维布的纤维方向应沿纵向贴于梁的受拉面；受剪加固时，纤维方向应沿横向环绕贴于梁周表面。

2. 加固用碳纤维布的宽度、层数及强度等应由计算确定，受弯承载力提高幅度不应超过40%。

3. 被加固梁的混凝土强度等级不应低于C15，长期环境温度不应高于60度。

4. 梁截面局部棱角应在粘贴U形箍前通过打磨加以圆化。

本加固方法的加固要求详《四川省农村居住建筑维修加固图集》（图集号 川16G122-TY）第90页。

➤ 基本要求：

1. 新增纤维布宽度及其间距应由计算确定，且其宽度不应大于200 mm，净间距宜为200～300 mm。

2. 对于双向板加固，先粘贴长跨方向纤维布，再粘贴短跨方向纤维布，短跨纤维布粘贴在最外层。

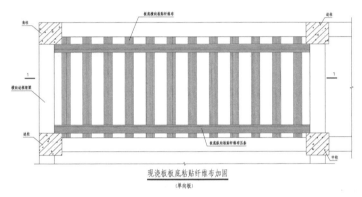

现浇板板底粘贴纤维布加固
（单向板）

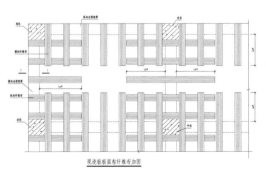

现浇板板面粘纤维布加固

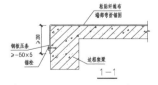

1—1

本加固方法的加固要求详《四川省农村居住建筑维修加固图集》（图集号 川16G122-TY）第102页、第103页。

7 　农村危房排查及加固维修管理要求

最后我再强调一下，农房危险性识别和加固维修有"六要"哈！

一、农房危险要排查

　　县（市、区）住房城乡建设主管部门应当指导乡（镇）人民政府落实农村老旧住房安全监督管理职责，建立安全巡查制度，组织提供技术力量，开展农村老旧危险住房安全排查。

　　乡（镇）人民政府应当建立农村住房安全日常检查制度，制定农村住房安全应急预案，逐步建立房屋产权人、使用人、村民委员会与乡（镇）人民政府、住房城乡建设主管部门协调联动的监督管理机制。

二、整改责任要落实

　　乡（镇）人民政府根据排查发现的问题，应当逐一列出清单并通告相关村民委员会，建立住房隐患问题数据库，制定整改措施；督促房屋所有权人、使用人落实整改责任、整改措施和整改时限。

三、农房改造要计划

对符合农村危房改造条件或者属于社会救助对象的农村住房，住房城乡建设、民政主管部门应当优先纳入农村危房改造计划启动实施。对不符合农村危房改造条件，或者符合农村危房改造条件但短期内无法纳入农村危房改造范围的危房，要指导产权所有人或者使用人尽快采取有效措施，排除安全隐患。

四、结构加固要设计

农村危房改造必须要有基本的结构设计，没有基本的结构设计不得开工。要依据基本的质量标准或当地农房建设质量要求进行结构设计。基本的结构设计内容应包括地基基础、承重结构、抗震构造措施、围护结构等分项工程的建设要点，可使用住房城乡建设部门推荐的通用图集，或委托设计单位、专业人员进行专业设计，也可采用承建建筑工匠提供的设计图或施工要点。

五、建筑工匠要管理

农村危房改造必须实行建筑工匠管理。各地要指导危房改造户按照基本的结构设计，与承建的建筑工匠或施工单位签订施工协议。要切实做好建筑工匠培训，未经培训的建筑工匠不得承揽农村危房改造施工。有能力自行施工的危房改造户，也应签署依据基本结构设计施工的承诺书。施工人员信息、建筑工匠培训合格证明材料、施工协议或承诺书等要纳入危房改造农户档案，将上述材料拍成照片作为图文资料录入农村危房改造农户档案管理信息系统（以下简称信息系统）。

各地要加强建筑工匠管理和服务。县级以上地方住房城乡建设部门要通过政府购买服务或纳入相关培训计划等方式，免费开展建筑工匠培训，提高工匠技术水平。各县（市）要建立建筑工匠质量安全责任追究和公示制度，发生质量安全事故要依法追查施工方责任，要公布有质量安全不良记录的工匠"黑名单"。

7 农村危房排查及加固维修管理要求

六、施工质量要控制

　　农村危房改造基本的质量检查必须覆盖全部危房改造户。县级住房城乡建设部门要按照基本的质量标准，组织当地管理和技术人员开展现场质量检查，并做好现场检查记录。检查项目包括地基基础、承重结构、抗震构造措施、围护结构等，重要施工环节必须实行现场检查。经检查满足基本质量标准的要求后，进行现场记录并与危房改造户、施工方签字确认，存在问题的要当场提出措施进行整改。现场检查记录要纳入农村危房改造农户档案，检查记录的照片要上传到信息系统。统一建设的农村危房改造项目，由省级住房城乡建设部门制定现场质量检查办法。